...DIE CLICKS ENTSCHEIDEN PART II

WISSENSCHAFT UND FORSCHUNG

Für meinen Ehemann

Alle in diesem Buch enthaltenen Rechte sind der Autorin vorbehalten.

Autorin / Bilder / Cover

Tanja Feiler

Der Clip

Die Cute Pets haben sich dazu entschlossen, einen Kurzfilm, einen Clip zu drehen, in dem gezeigt wird, dass Roboter (Androiden) am besten dafür geeignet sind, in Krisengebieten eingesetzt zu werden

ODER IN KRIEGSGEBIETEN. SIE MÜSSEN DAFÜR DREI VORAUSSETZUNGEN ERFÜLLEN: AUS STABILEM MATERIAL GEBAUT, DASS ALLEM, WAS IN KRIEGSGEBIETEN AN WAFFEN EINGESETZT WIRD, GEWACHSEN IST. ZWEITENS AN DAS WORLD WIDE WEB ANGESCHLOSSEN SEIN, UM

Immer auf dem neusten Stand zu sein, was Wissen betrifft. Drittens, das ist das schwierigste, die Kommunikation. Androiden müssen als Team funktionieren können, programmiert zu helfen – ein Basisprogramm, dass selbstständig agieren

KANN. SOWOHL DIE CUTE PETS, ALS AUCH KITTYS FAMILIE HABEN ÜBER DIE MÖGLICHKEIT, MENSCHENLEBEN AUF DIESE WEISE ZU SCHÜTZEN, BEREITS BÜCHER GESCHRIEBEN. WAS ALSO TUN? IMMER NOCH WERDEN MENSCHEN ZU SOLDATEN AUSGEBILDET, UM IN

Krisengebieten zu "helfen". Milliarden der Rüstungsindustrie sind vorhanden, die in Androiden investiert werden können. Es gibt inzwischen Drohnen, das sind kleine Miniflugzeuge, die zur Überwachung eingesetzt werden. Warum geht's dann im denken nicht weiter? Wenn die die Kuscheltiere samstags um 15 Uhr ihre Gesprächsrunde haben, diskutieren sie erst über Dinge, die den Alltag in der WG relevant sind. Das Zusammenleben der Eheleute Angela & Alien, Angelina &

Maehi, Michelle & X, Kitty und die neue Mitbewohnerin Amber. Sammy, Good Pet und seine Frau Haeschen wohnen inzwischen zusammen, haben eine kleine WG gegründet, da Sammy seine Freunde braucht. Sie arbeiten mit an sozialen Projekten und sind auch bereit, Monate im Ausland zu verbringen. Wenn sie im Lande sind, sind sie samstags für die Gesprächsrunde via Chat zugeschaltet und sind stets auf dem neusten Stand, was die Projekte der Cute Pets angeht. Sie gehören natürlich noch dazu.

Das zweite Thema ist das Androidenproblem. Jetzt ist ein Drehbuch geschrieben worden für einen kleinen Clip, der bei YouTube hochgeladen wird, der zeigt, erklärt, um was es geht. Das ist nicht so einfach, denn nur ein Clip, der viel angesehen wird, d.h.

VIELE CLIPS BEKOMMT, DRINGT AUS DEM INTERNET AN DIE KOMPLETTE ÖFFENTLICHKEIT. EIN CLIP MUSS AUCH WICHTIGE KRITERIEN ERFÜLLEN: INFORMATION, SPANNEND SEIN MIT MUSIK. ALSO HABEN SICH DIE CUTE PETS DAZU ENTSCHLOSSEN, EIN COMIC zu dieser Thematik zu veröffentlichen. Kitty, die Meisterin der Fotografie, wird ganz viele Bilder machen, dann werden daraus durch Bildbearbeitungsprogramme Comics, die zusammengesetzt werden, geschnitten und einen Videoclip mit

MUSIK ERGEBEN. ÜBER DIE MUSIK SIND SICH DIE CUTE PETS NATÜRLICH EINIG. GOOD PET, DER UNTER DEM PSEUDONYM BAD PET KURZGESCHICHTEN ÜBER MENSCHEN GESCHRIEBEN HAT VERSCHIEDENER NATIONALITÄTEN, DIE EINES VERBINDET: DIE MUSIK EINER BESTIMMTEN

GURPPE. DA DIESE GRUPPE IN DEM JAHR, IN DEM BAD PET DAS BUCH GESCHRIEBEN HAT, IHR 20 JÄHRIGES BESTEHEN FEIERTE – PERFEKT. INZWISCHEN AUCH IN SPANISCHER ÜBERSETZUNG. DIE GESCHICHTEN BASIEREN ALLE AUF WAHREN BEGEBENHEITEN,

Natürlich sind Namen und Orte aus Datenschutzgründen geändert. Die Musik dieser Gruppe wird während des Filmes laufen –mit einem bestimmten Lied. Kitty knipst Bilder oder speichert Bilder aus dem Netz ab, die frei zugänglich sind. X, der

KÜNSTLER, MACHT DAS COMIC UND ALIEN HAT NATÜRLICH MAL WIEDER AUS DEM LABOR, IN DEM ER FRÜHER GEARBEITET HAT, UND DORT EIN PAAR MAL SICH EINE MASCHINE AUSGELIEHEN HAT, EINEN PROTOTYP, DER IM HEIMISCHEN ZIMMER EINE ATMOSPHÄRE FÜR ZWEI STUNDEN HERSTELLEN kann, als sei man tatsächlich am Strand und Meer. So hat er sich ein Programm ausgeliehen, das ähnlich wie eine Slideshow, die einfach ist, nach diesem Prinzip das Comic zusammensetzt, so dass der Eindruck von Bewegung entsteht. Die

KUSCHELTIERE MACHEN SICH ANS WERK. ERST MACHEN DIE CUTE PETS VON SICH BILDER IN COMICFORM.

27

Die Clicks

Dann drehen die cute pets den Clip, jetzt zählen die Clicks entscheiden...

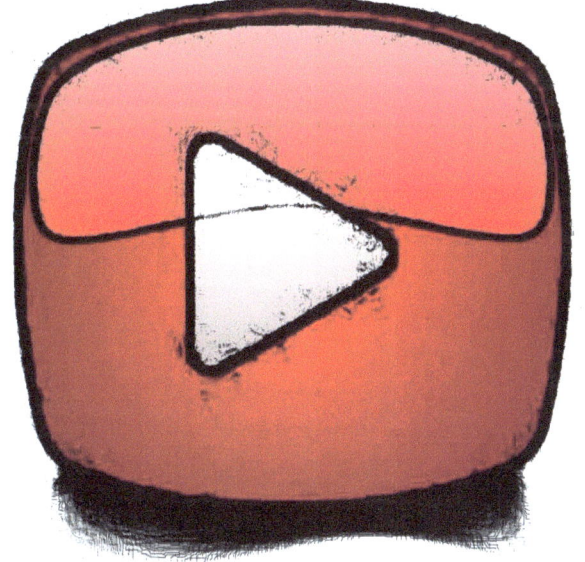

BESONDERS DANKE ICH
MEINEM EHEMANN

31

www.ingramcontent.com/pod-product-compliance
Lightning Source LLC
Chambersburg PA
CBHW041613180526
45159CB00002BC/837